图书在版编目（CIP）数据

纷繁版纳之有一种成长叫等待 / 赵怀东著 ; 刘莹绘.
-- 北京 : 中国林业出版社, 2021.11（大湄公的自然脉络）
ISBN 978-7-5219-1403-0
Ⅰ. ①纷… Ⅱ. ①赵… ②刘… Ⅲ. ①儿童故事－图画故事－中国－当代 Ⅳ. ①I287.8
中国版本图书馆CIP数据核字(2021)第227572号

“纷繁版纳”是“大湄公的自然脉络”系列自然故事绘本的第一季，“大湄公”指澜沧江—湄公河水系流经的主要区域，中国境内河段称“澜沧江”，流入中南半岛后的河段称“湄公河”。澜沧江—湄公河是亚洲最重要的跨国水系，澜沧江—湄公河流域是全球生物多样性最丰富的区域之一（仅次于亚马孙流域），也是全球文化多样性最丰富的区域之一。这里发生着无数有趣、复杂、微妙，抑或是奇幻的自然故事，有着无数的自然谜题等着我们去探索。

而“纷繁版纳”的自然故事围绕着“大湄公”流域的西双版纳展开。西双版纳位于澜沧江—湄公河中游、亚洲热带森林的北部边缘，自然环境和植被类型多变而交错，物种关系错综复杂。我们通过版纳“常见又普通”的自然故事切入，带你了解版纳独特的生物多样性特征，发现奇妙的自然智慧，走进未知的自然世界。

科学顾问：沈　成　刘光裕　　**策　　划：**山一自然　刘海儿工作室
套封题字：赵俊杰　　**美　　编：**孙　俊
故事收集辅助：曹大藩　　**责任编辑：**张衍辉　葛宝庆

出　版：中国林业出版社（100009 北京市西城区刘海胡同7号）
网　址：https://www.forestry.gov.cn/lycb.html
电　话：010-83143521 83143612
印　刷：北京博海升彩色印刷有限公司
版　次：2021年11月第1版
印　次：2021年11月第1次
开　本：787mm×1092mm 1/12
印　张：3 2/3
字　数：10千字
定　价：49.80元

有一种成长叫等待

赵怀东/著　刘　莹/绘

中国林业出版社
·北 京·

“妈妈，你看，那里有好几棵新长出来的小树苗呀！”

“孩子，那可不是小树苗，你看中间那棵高一点的，妈妈的妈妈的妈妈小时候他就在这里了。”

树鼩妈妈带着小树鼩在喀斯特雨林幽暗的林下穿行。

“他怎么不长呢？”

“树木成长是需要阳光的，雨林里的大树遮天蔽日，遇不到阳光他们可怎么成长呀？”

我听着树鼩母子聊天不以为然，十年了，我似乎已经习惯了这样没有变化的生活。

十年前，我奋力破土而出，感觉终于得见光明，可以奋力生长了。而这是一片非常阴暗、坚石满布的土地，只有零星斑驳的光点偶尔洒落，我每天都是又冷又饿，成长是一件多么痛苦的事情呀！

我周围有不少同类的小伙伴，我们经常在一起聊天，抱怨自己的命运，抱怨大树妈妈，为什么不把我们播撒在阳光明媚的地方。

有一天，我忽然发现身后有一棵比我大的小树苗，我给他起了个名字叫“阿望”。我想我还是有机会一点点成长的吧。我们总会有机会的。

而三年后，我和阿望几乎一样高了，他却好像从来没有长高过，这是多么让人绝望！

一天，倾盆大雨冲洗着大地，我在风雨中瑟瑟发抖，看着雨水卷走落叶和土壤，阿望脚下的土壤被雨水冲刷得裸露出了树根，他无助地倒下了，我感觉到他在向我诉说着什么：“坚持下去，因为你还活着。”

我的身边有的离开，也就有新生。而有一棵和我一起出生的小树，一直陪着我，我叫他“小希”。

我总是看着他，他似乎也想和我交流，我便向他倾诉，我相信他能感受到，就像我同样能感觉到他对我也充满依赖。时间久了，我便把他当成我最好的朋友，在幽暗的森林里才显得不那么孤单，只是大家的生长都越来越缓慢，几乎是停滞的。

五年过去了……

一天，一根很大的树枝咔嚓一声折断了，从高高的树冠上掉下来，每天的某段时间会有一小块阳光洒下来，刚好照在小希身上。

于是，小希开始迅速地成长，似乎脱离了地心的引力。

我发现，充足的阳光是我们成为大树的那最后一块拼图，我也对未来有了一些期盼。

没过多久，大树的枝丫延伸，再次将树冠封闭起来，那一小块阳光也就这样消失了，小希又瘦又高，似乎无法承受身体的负担，日渐枯萎。

小希最终也离开了我。

希望再次破灭，大树们似乎不会给我们任何的机会，去和他们争夺阳光。

就这样，时光流转，又仿佛时间永远地停在了那一刻。

十年后的今天，一切如此平常，夜里又下起了倾盆大雨，狂风大作，让我想起了七年前阿望离开的夜晚。那时候我还充满希望，觉得总会有机会，而如今，我亦心如死灰。

伸手不见五指的雨夜，只有闪电划过夜空时，才能看见周围摇曳而鬼魅的树影。
突然咔嚓一声巨响让我的心头一颤，曾经的那些悲伤的离别似乎又要上演。

雨停了，清晨的阳光温暖地洒在我身上，暖流传遍全身。

阳光！清晨的阳光！如此浓烈的清晨的阳光！

眼前的一切让我震惊，一颗大树倒下了，眼前一片开阔，阳光肆无忌惮地扑面而来！

我感到浑身充满了能量，我要长高，我要成为参天的
大树！于是我拼命地伸展向上，不断攀升。

身边的小伙伴们也和我一起奋力地生长，曾经一起熬过漫漫黑暗的朋友，变成了你死我活的竞争对手，我不敢有丝毫的懈怠，因为我从来都不曾懈怠过！

这十年，我从没放弃过努力，我不断地深扎我的根系，蓄积我的营养。我知道机会不一定会来，但只要机会来了，我必须有充分的实力去把握住转瞬即逝的机会，才有希望……

董棕
某种绞杀榕
轮叶戟小苗

故事场景说明页

故事中的主角成长的森林场景是石灰岩山热带季节性雨林的典型环境，本图为大家介绍场景中的主要植物。

表面上的等待，是背后无数个艰难拼搏的岁月。正如人们常说的，机会只留给有准备的人。残酷的自然根本就没有多少生存的机会，但幼小的生命从来都没有放弃，他们相信终有一天会迎来一个阳光灿烂的清晨。

故事中的自然小知识

富饶又贫瘠的热带雨林

热带雨林是保存物种最为丰富、生态系统结构最为复杂的陆地生态系统，有着极高的生物多样性。但是与富饶的外表截然不同的是，这里的土壤往往十分贫瘠，在高热高湿的环境以及丰富的地面分解者的作用下，落到地面上的枝叶、花朵、果实等有机质会迅速地被分解，雨季充沛的雨量又会将有机质冲刷到河流中去，土壤中很难积累丰富的养分。在这样的环境中，植物的种子面临巨大的挑战，一方面是高温湿热条件下更容易被分解腐烂，无法像温带森林中种子大多能够在土壤中休眠，等待合适的环境再进行萌发；另一方面，贫瘠的土壤使很多种子本身不得不富含营养物质，而为了生产出这样的种子，生长在贫瘠的土壤上的树木经常需要数年才能结果或者有一次结果的“大年”。另外，极高的生物多样性也使得雨林中各物种间的竞争异常激烈，要在这贫瘠而又竞争激烈的环境中生存下去，动植物们也只能各显其能演化出各种充满智慧的生存之道。

西双版纳常见的热带雨林类型——沟谷雨林的典型景观

而本故事的主角则主要生长在西双版纳热带雨林中更为特殊、自然环境更严酷的雨林类型——石灰岩山热带季节性雨林。

严酷的石灰岩山热带季节性雨林

石灰岩等碳酸盐岩为主的地质地貌被称为岩溶地貌，也被称为“喀斯特地形”。作为一类典型的岩溶地貌，石灰岩山在西双版纳所占的面积约19%。与平地和沟谷地区的热带雨林相比，在陡峭的石灰岩山地中所生长的热带季节性雨林，其土壤条件更加恶劣。构成石灰岩山地的碳酸盐很容易被化学风化，尤其在我国西南地区，青藏高原的隆起使这一区域长期处于湿热气候，强烈风化作用所形成的陡峭地形、雨水剧烈冲刷使得这种环境中土壤形成很慢，土层往往更薄，土壤中养分含量更少。像西双版纳一些典型的喀斯特石山，多数山坡几乎都是岩石并且常常是悬崖峭壁，在这样的石山上，土壤就更难以蓄积。植物，尤其是热带雨林的树木就更难以在这样的环境依附生长。在这样的环境中所生长的植物也需要特殊的策略。

石灰岩山季节性雨林中的树种常拥有较为发达的支撑根系，如板根、支撑根等，这些支撑性的根系发达在岩石上附着能力强，均是在陡峭或少土环境中的适应性演化。而且更高比例的植物种子为顽拗性种子，以确保在贫瘠的环境中能够顺利萌发。

树瀑布

顽拗性种子

顽拗性种子是指不耐失水的种子，不耐贮藏往往会迅速萌发，也被戏称为短命种子，是一种适应高温高湿环境的种子类型，在气候炎热湿润的热带、亚热带极为常见。在西双版纳的热带雨林，尤其是石灰山热带季节性雨林中，相当高比例的树木种子为顽拗性种子。这类种子对温度和湿度很敏感，成熟脱落时含水量较高，轻度脱水后生命力就显著下降，不耐贮藏，种子中胚/胚乳的比例小，淀粉、蛋白质等营养物质储藏丰富。顽拗性种子往往在雨季成熟，刚脱落的种子在适宜的环境中就可直接萌发，并长出发达的根系，从环境中获得水分，这样的特性能够使种子减少腐烂和被动物取食的概率。迅速萌发的种子在母株附近形成幼苗库，虽然一部分幼苗还是会被动物啃食，但在热带雨林中比种子库的保存形式有更高的概率幸存下来一些个体。

几种典型的包含顽拗性种子的果实

轮叶戟

本故事的主角是一棵生长在石灰岩山热带季节性雨林的轮叶戟小苗，轮叶戟（*Lasiococca comberi*）是大戟科轮叶戟属的植物，通常为高20米左右的乔木，多生长在石灰岩山地，是西双版纳石灰山热带季节性雨林和季节性湿润林中的建群树种之一。由于石灰岩山地受到水流侵蚀严重、坡度大、土壤覆盖物质少、土层薄、有机质少，在这样的环境下生长的轮叶戟的种子具有典型的顽拗性种子的特质。轮叶戟在每年雨季的6～7月结果，种子富含油脂。种子落地后能够迅速发芽，以小苗的形式等待长成大树的时机，这种等待往往长达十年以上。

长成大树的轮叶戟树干表面有许多纵向的凸起，使得它的树干像许多根小树干聚在一起而成的，这种方式在西双版纳的山地雨林，尤其是石灰岩山的多种树木上都能见到，这种形态可能和支撑根系一样，能够扩大树干的支撑面积，更好地帮助它们在土壤薄且陡峭的基质上支撑自己。

由于上述特点使得轮叶戟在石灰岩山热带季节性雨林中极具竞争力和优势，也充分体现其坚韧不拔的性格。

轮叶戟及其等待中的小苗群

小苗等待

小苗等待是顽拗性种子生长的策略之一，并不是一个科学术语，但确实是版纳雨林中树木的常见生长特性。尤其是在土壤更加贫瘠的石灰岩山热带季节性雨林中，加上森林的高郁闭度，各种树木的幼苗很难从土壤和阳光获得足够的营养，因此往往生长缓慢。它们以小苗的形式一直耐心等待着，根系却在不断生长，也不断积蓄着营养，这种等待往往会持续10年以上。直到有大树倾倒露出林窗后，这些小苗才会迅速生长，成为大树，补上林窗。但绝大多数小苗可能无法等到合适的时机，最终还是会死去，只有极少数的小苗能够获得机会成为大树，充分体现了石灰岩山热带季节性雨林异常惨烈的竞争。

除了顽拗性种子、支撑性的根系或表面纵向凸起加强支撑力的树干外，生长在石灰岩山森林中的树木们还要应对旱季时干旱的土壤和贫瘠的养分。它们的叶片通常比较厚、比较小，还常常多毛、具有较厚的蜡质层和角质层，有利于散热和反射光线。它们的叶片更少落叶，减少因为落叶对养分的消耗。

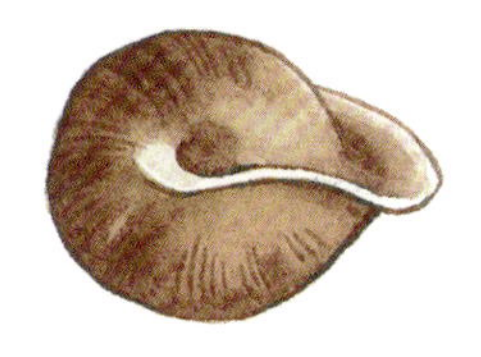

螺壳厚实坚固的勐仑坚螺（*Camaena menglunensis*）

石灰岩山陡峭的地形，富含钙质，为需要钙质形成壳的蜗牛等陆生腹足动物提供了良好的环境。在西双版纳的石灰岩山，各种蜗牛无论从种类还是数量上都十分丰富，而且有螺壳更加厚实坚硬的种类。它们在森林下层发挥着重要的分解者的作用，在旱季，石灰岩山丰富的孔隙也为它们提供了适宜躲避的环境。

石灰岩山森林中还有着很多特别的演化故事、生存策略和智慧，等待着我们共同去探索和发现。

石灰岩山与雨林的相互作用

石灰岩山塑造了独特的树木和雨林特征，而这些雨林树木也为塑造这里的环境发挥了重要的作用。通过蒸腾作用，森林增加了小环境中的降雨，降雨又将空气、树叶上的有机物质带到地面上，这都增强了雨水对石灰岩山的侵蚀作用，从而进一步塑造了它们所生长的喀斯特地形，演化出独特的雨林类型。

长期侵蚀形成的溶洞景观